Sitzungsberichte
der Akademie der Wissenschaften
der DDR
Mathematik – Naturwissenschaften – Technik

11N

1982

Hans-Heinz Emons

Abfälle – Rohstoffe

AKADEMIE-VERLAG · BERLIN

Sitzungsberichte
der Akademie der Wissenschaften
der DDR
Mathematik — Naturwissenschaften — Technik

Jahrgang 1982 · Nr. 11/N

Hans-Heinz Emons

Abfälle – Rohstoffe

Einige Probleme zu stoffwandelnden Prozessen

AKADEMIE-VERLAG · BERLIN
1982

Vortrag von Hans-Heinz Emons, Ordentliches Mitglied der Akademie der Wissenschaften der DDR, gehalten am 4. Juni 1981 vor der Klasse Umweltschutz und Umweltgestaltung der AdW der DDR

Herausgegeben im Auftrage
des Präsidenten der Akademie
der Wissenschaften der DDR
von Vizepräsident Prof. Dr. Heinrich Scheel

ISSN 0138–3956
Erschienen im Akademie-Verlag, DDR-1086 Berlin, Leipziger Str. 3–4

Lizenznummer: 202 · 100/74/82
Gesamtherstellung: VEB Druckhaus Köthen
Bestellnummer: 763 118 4 (2010/82/11/N) · LSV 1355
Printed in GDR
DDR 3,50 M

Rohstoffe — Energie — Umwelt — das sind drei Begriffe, deren gesellschaftliche Bedeutung in den letzten Jahren insbesondere in den hochindustrialisierten Ländern kontinuierlich gewachsen ist.

Die Entwicklung der materiell-technischen Basis unserer Gesellschaft fordert dringend Technologien, die die Natur als Quelle des gesellschaftlichen Fortschritts weitgehend erhalten bzw. so wenig wie möglich in die natürlichen Prozesse und Gesetzmäßigkeiten eingreifen. Diese Position geht deutlich aus den Ausführungen des Generalsekretärs der SED, Genossen Erich Honecker hervor, der unter anderem im ersten Punkt der ökonomischen Strategie der Volkswirtschaft der DDR formulierte:

„Folgende Entwicklungslinien stehen für unser Land im Vordergrund: .... neue energiesparende Verfahren, die maximal Wertstoffe aus Rohstoffen gewinnen, Verfahren für die Rückgewinnung der metallischen und chemischen Grundsubstanzen aus Sekundärrohstoffen und die Schaffung geschlossener Stoffkreisläufe" [1].

In diesem Prozeß nimmt die stoffumwandelnde und dabei besonders die chemische Industrie einen maßgeblichen Platz ein. So ist es ganz natürlich, daß in der Klasse Umweltschutz und Umweltgestaltung der Akademie der Wissenschaften der DDR Probleme der Stoffkreisläufe, die Entwicklung abproduktarmer Technologien und die sich daraus ergebenden Wechselbeziehungen zur Umwelt aus verschiedener Sicht mehrfach betrachtet wurden. Es sei nur an die Vorträge unserer Mitglieder Riedel [2], Mottek [3] und Schubert [4] erinnert, die mir außerdem die Möglichkeit geben, auf ihrer Basis eine Reihe grundlegender Fragen recht kurz behandeln zu können.

1. Allgemeiner Teil

Als ein grundlegendes Erfordernis der planmäßigen und proportionalen Entwicklung der Volkswirtschaft enthält die auf dem X. Parteitag der SED beschlossene Direktive zum Fünfjahrplan 1981—1985 umfangreiche Maßnahmen zur Sicherung des Bedarfs an Energie und Rohstoffen. Der Vorsitzende des Ministerrates der DDR, Genosse Willi Stoph, führte dazu aus:

„Generell sind die Anstrengungen zur Nutzung einheimischer Rohstoffe zu erhöhen. Sekundärrohstoffe und Abprodukte gegenwärtiger Technologien sind in hohem Maße für die Wiederverwendung als Rohstoffe, Zwischenprodukte und — wo das möglich ist — als Endprodukte bereitzustellen.

Es kommt darauf an, mit Hilfe wissenschaftlich-technischer Arbeit auf allen Gebieten die Rohstoffkreisläufe mit höchster Effektivität zu gestalten. Die Sicherung der Rohstoffversorgung — dessen müssen sich alle bewußt sein und danach handeln — ist zugleich eine hohe Anforderung an die Veredlung aller Rohstoffe und Materialien“ [5].

Bereits Karl Marx machte auf das Problem der Nutzbarmachung der „Exkremente der Produktion und Konsumtion“ aufmerksam und verwies auf die zunehmende Wiederverwendung dieser Rohstoffe, sicher auch angeregt durch die Entwicklung des Rohstoffmarktes [6]. Er bezeichnete die Rückverwandlung der Exkremente der Produktion in neue Produktionselemente als zweiten großen Zweig der Ökonomie in den Produktionsbedingungen. Karl Marx unterscheidet dabei zwei generelle Wege:

- Die Ökonomie der Exkremente der Produktion durch ihre produktive Nutzung, wofür sich heute der Begriff „Abprodukten- und Sekundärrohstoffwirtschaft“ herausgebildet hat, und
- die Ökonomie bei der Erzeugung durch Abfallminimierung und vollständige Rohstoffausnutzung. Daran knüpfen heute die vielfältigen Bemühungen in allen Ländern zur Entwicklung abproduktarmer bzw. abproduktfreier Technologien an.

(Auf eine Polemik über die Begriffe „Abfall — Abprodukt“ sei hier verzichtet.)

Die politische, ökonomische und soziale Notwendigkeit der verstärkten Abproduktnutzung, -verminderung und -vermeidung resultiert aus dem Sachverhalt, daß die natürlichen Ressourcen weder unbegrenzt verfügbar noch in den meisten Fällen reproduzierbar sind. Damit verbunden ist der Umstand, daß die geologisch und geographisch kostengünstig zu erschließenden und auszubeutenden Rohstoff- und Energiequellen in absehbaren Zeiträumen weltweit abnehmen. Erkundung, Aufschluß, Gewinnung, Aufbereitung und Transport von Rohstoffen und Energieträgern erfordern daher einen ständig wachsenden gesellschaftlichen Aufwand.

Forschung und Entwicklung haben die Entstehung und Verwertung von Abprodukten daher besonders in folgender Weise zu beeinflussen:

- Entwicklung abproduktarmer Verfahren;
- Entwicklung von Verfahren, in denen auch sekundäre Rohstoffe verarbeitet werden können;
- Ermittlung von Verarbeitungsmöglichkeiten für anfallende Abprodukte eigener oder anderer Produktionslinien;
- Entwicklung rationeller Transport- und Lagermöglichkeiten für anfallende Abprodukte;
- Entwicklung von Verfahren zur schadlosen Vernichtung von Abprodukten, wenn eine nützliche Verwendung nicht möglich ist.

Angesichts der Tatsache, daß der größte Teil der Abprodukte, der eine Umweltbeeinflussung hervorruft, Folge eines teilweise uneffektiven Umgangs mit den natürlichen Ressourcen und direkter Ausdruck einer aus technologischen und ökonomischen Gründen unzureichend entwickelten Stoffwirtschaft ist, der damit als nichtgenutzter Wertstoff, der gesellschaftlichen Aufwand beinhaltet, auch noch mittels gesellschaftlichem Aufwand beseitigt werden muß, wird die Notwendigkeit der Abproduktverwertung immer dringlicher diktiert. Dabei darf nicht übersehen werden, daß die Verwertung von Abprodukten sowohl in geschlossenen Kreisläufen als auch außerhalb z. T. zusätzlichen Energieaufwand bedeutet. Es wird daher — jedoch nicht nur aus diesem Grund — nicht darum gehen können, alle Abprodukte um jeden Preis zu verwerten, sondern darum, volkswirtschaftlich sinnvolle Lösungen zu finden. Eine Voraussetzung dafür ist ohne Zweifel die Analyse der konkreten Abproduktsituation an konkreten Verfahren und Technologien sowie die Analyse der Ursachen des steigenden Abproduktanfalls in der Sphäre der individuellen und gesellschaftlichen Konsumtion.

Die zu Problemen der Verwertung, der Verminderung bzw. Verhinderung von Abprodukten auch von uns durchgeführten Untersuchungen lassen eine Reihe von Faktoren sichtbar werden, die den Abproduktanfall fördern bzw. die Verwertung hemmen. Das sind u. a.:

- die aus bekannten Gründen zunehmende Notwendigkeit der Erkundung, Gewinnung und Aufbereitung von Rohstoffen unter ungünstigen geologischen und geographischen Verhältnissen (große Teufen im Tiefbau, Verschlechterung des Abraum-Flöz-Verhältnisses im Tagebau, abnehmende Erzgehalte der Trägerminerale u. a.), dies bedingt neben erhöhten Kosten einen steigenden Anfall von Abraum, Aufbereitungsrückständen und Schlacken;
- die Notwendigkeit, Rohstoffe mit einem hohen Anteil an Begleitstoffen zu verarbeiten, die für die stoffliche Zusammensetzung der Zielprodukte ohne Bedeutung sind (beispielsweise Schwefel- und Metallgehalte bestimmter Erdölsorten);
- die wechselnden Qualitäten bestimmter Abprodukte (z. B. Kraftwerksaschen), die ihre Nutzung als Sekundärrohstoffe erschweren (beispielsweise Einsatz von Aschen in der Bindemittelindustrie);
- die lange Zeit herrschende Unkenntnis über die begrenzte Aufnahme- und Regenerationsfähigkeit der Biosphäre und die damit verbundene Entwicklung und großindustrielle Anwendung abproduktintensiver Verfahren und Technologien;
- die z. T. noch nicht ausreichenden ökonomischen Regelungen zur Stimulierung der Substitution von Primärrohstoffen durch Sekundärrohstoffe [7].

Die Abprodukten- und Sekundärrohstoffwirtschaft ist untrennbarer Bestandteil einer effektiven Materialwirtschaft im volkswirtschaftlichen Reproduktionsprozeß und trägt zur Erweiterung der Rohstoffbasis bei.

Die eindeutige Klärung und Abgrenzung der Begriffe *Abprodukt, Altrohstoff* und *Sekundärrohstoff* sowie deren Einordnung in den gesellschaftlichen Reproduktionsprozeß ist eine wichtige Voraussetzung zu ihrer vollständigen und einheitlichen Erfassung [8].

Abprodukte entstehen im Produktionsprozeß:

- aufgrund von entwicklungsbedingten Ursachen (Entwicklungsstand der Produktivkräfte, wissenschaftlich-technischer Entwicklungsstand);
- aufgrund von arbeitskräftebedingten Ursachen (Ausschußproduktion, schlechte Pflege und Wartung der Arbeitsmittel, Nichteinhalten von Reaktionsbedingungen);
- aufgrund von arbeitsmittelbedingten Ursachen (schlechte Qualität der Arbeitsmittel, z. B. Überalterung, unkontrollierte Reparaturen, veralterte Technologien usw.).

Altrohstoffe sind volkswirtschaftliche Finalprodukte — und zwar Arbeitsmittel und Gebrauchsgüter der individuellen und gesellschaftlichen Konsumtion —, die im Prozeß ihrer (produktiven, individuellen oder gesellschaftlichen) Konsumtion ihren ursprünglichen Gebrauchswert ganz oder teilweise verloren haben, deren materielle Substanz jedoch erhalten geblieben ist und die daher unter bestimmten Bedingungen von neuem als Arbeitsgegenstand in den gesellschaftlichen Produktionsprozeß eintreten können [9].

Eine schematische Darstellung dieser Zusammenhänge ist in Abb. 1 gezeigt.

Abprodukte und Altrohstoffe erhalten erst nach einer spezifischen Aufbereitung, d. h. nach einer Überführung zum Sekundärrohstoff, einen Gebrauchswert und demzufolge einen Wert.

Jedes Abprodukt und jeder Altrohstoff ist Bestandteil der Rohstoffbasis eines Landes, die folgendermaßen untergliedert werden kann: nach der *Bezugsquelle* in einheimische und importierte, nach der *Verwendbarkeit* in verfügbare und potentielle und nach *stofflichen Aspekten* in primäre und sekundäre Rohstoffe. Ihr Verwertungskreislauf ist der Abb. 2 zu entnehmen. Jedes Abprodukt ist also potentieller Sekundärrohstoff. Es liegt allerdings erst dann ein Sekundärrohstoff vor, wenn ein gesellschaftliches Bedürfnis befriedigt werden kann.

Für Nutzungsermittlungen wird von GARBE und ECKERT [8] folgender Berechnungsmodus vorgeschlagen:

  Erlös aus der Wiederverwendung
\+ Kostenfaktor für Einheitsschadstoffe
\+ Kosten für die schadlose Beseitigung
− Kosten für die Aufarbeitung

= Nutzen aus der Wiederverwendung von Abprodukten

Das Ziel dieser prinzipiellen Methode der Nutzensrechnung besteht darin, die Betriebe stärker an einer Verwertung der Abprodukte zu interessieren.

In den letzten Jahren haben sich umfangreiche analytisch-prognostische Untersuchungen mit den Möglichkeiten der effektiven Nutzung von Sekundärrohstoffen und der Verminderung von Abprodukten unter Berücksichtigung des Umwelt-

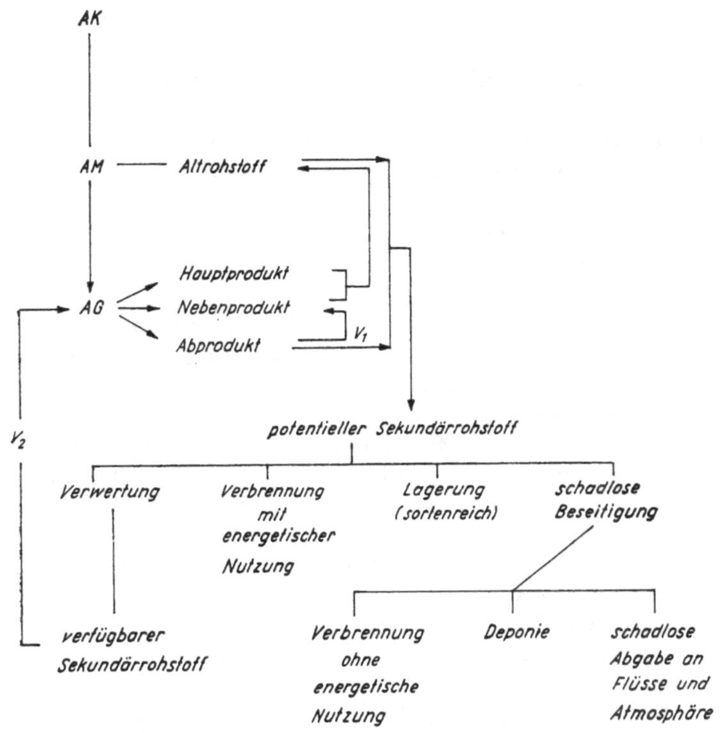

Abb. 1 Schematische Darstellung wichtiger Zusammenhänge zwischen Arbeitskräften, Arbeitsmitteln und Arbeitsgegenständen und potentiellen Sekundärrohstoffen [8]

V_1: Vollständige Umwandlung von Abprodukten zu verkaufsfähigen Produkten durch entsprechende Aufarbeitungsverfahren

V_2: Verwertung der Abprodukte als Sekundärrohstoffe durch Rückführung in den Produktionsprozeß bzw. Verarbeitung einzelner Inhaltsstoffe

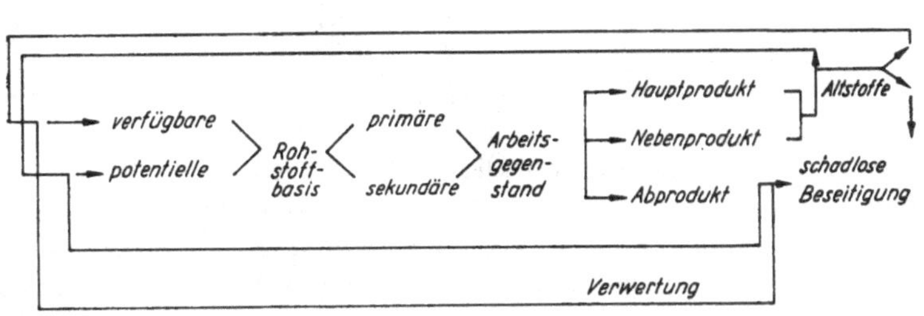

Abb. 2 Verwertungskreislauf der Rohstoffe [8]

schutzes beschäftigt. Sie führen zu der verallgemeinerten Erkenntnis, daß

- eine beachtliche Zahl von Produkten als Abprodukte in der Volkswirtschaft anfällt, die unmittelbar Sekundärrohstoffe darstellen und zur Stärkung der Rohstoffbasis beitragen können;
- in ebenfalls bedeutendem Umfange Produkte anfallen, die potentiell Sekundärrohstoffe sind, eine rationelle Verwertung aber noch beträchtliche Forschungsarbeiten verlangt;
- die Nutzung einer Reihe von Abprodukten als Sekundärrohstoff nach bisherigen Erkenntnissen auf Grund des hohen volkswirtschaftlichen Aufwandes nicht sinnvoll erscheint;
- ein Teil der Abprodukte, die aus ökonomischen Gründen nicht nutzbar sind, schadlos beseitigt werden müssen bzw. ihr Anfall durch neue oder veränderte Technologien vermindert oder verhindert werden kann.

Sicher muß man den Ausführungen von Mottek [3] zustimmen, daß die Gestaltung und die künftige Beherrschung langfristig ausgewogener Wechselbeziehungen zwischen industriellen und Naturprozessen, zwischen Ökonomie und Ökologie offensichtlich zu den komplizierten und nur in breiter interdisziplinärer Forschungsarbeit zu lösenden Aufgaben gehört.

Das zeigt sich in der Praxis am deutlichsten, wenn z. B. einerseits fehlende naturwissenschaftliche und technische Aussagen die Entwicklung der Ökonomie beeinträchtigen, andererseits ökonomische Bewertungen neue Technologien oder neue Rohstoffe auf der Basis von Abprodukten auf der Grundlage derzeitig geltender Regelungen benachteiligen.

Ausgehend von diesen allgemeinen Darlegungen möchte ich im folgenden einige Beispiele behandeln, die zum Teil unmittelbar mit der Arbeit unseres Wissenschaftsbereiches „Anorganische und anorganisch-technische Chemie" an der Bergakademie Freiberg in Verbindung stehen.

2. Beispiele aus der anorganischen Chemie

2.1. Mineralsalze

Die Mineralsalzindustrie nimmt innerhalb der Volkswirtschaft der DDR einen maßgeblichen Platz ein, wobei auf gegenwärtige und zukünftige wissenschaftliche und wissenschaftlich-technische Feststellungen in früheren Vorträgen ausführlich eingegangen wurde [10, 11, 12].

So fordert die Grundlinie der Rohstoffwirtschaft der DDR u. a. die weitere effektive Nutzung der ausreichend vorhandenen Kalisalzvorkommen und die Ausschöpfung aller Wertstoffkomponenten. Vergleichen wir unsere Salzvorkommen, insbesondere unsere Kalilagerstätten (Abb. 3) mit der Situation im internationalen Kalibergbau, so ergibt sich, daß der spezifische Rohsalzeinsatz pro Tonne Fertigprodukt merklich über dem internationalen Durchschnitt liegt bzw. liegen wird,

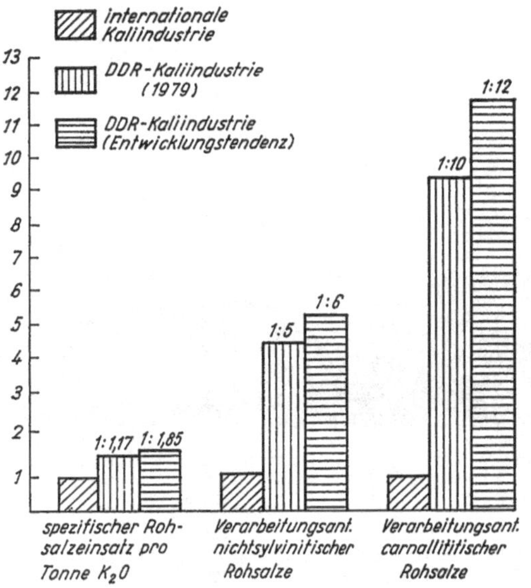

Abb. 3 Rohstoffsituation in der Mineralsalzindustrie

wodurch erhöhte wirtschaftliche Aufwände auf den Gebieten der Gewinnung und Verarbeitung bedingt sind. Weiter ist festzustellen, daß bei uns der Verarbeitungsanteil an nichtsylvinitischen wie auch an carnallitischen Rohsalzen den internationalen Mittelwert weit übersteigt, woraus wiederum höhere Aufwände auf den Gebieten Verarbeitung, Qualitätssicherung und Umweltschutz resultieren. Nicht zuletzt ist zu konstatieren, daß im Vergleich zur allgemeinen internationalen Situation im Kalibergbau der DDR zum Teil ungünstigere geologische Verhältnisse vorliegen, die zu erhöhten Anforderungen bei Gewinnung, Bergbausicherheit, Arbeits- und Gesundheitsschutz sowie Verarbeitung führen. Trotz dieser ungünstigen Entwicklung der potentiellen natürlichen Voraussetzungen ist z. B. das Kaliausbringen weiter zu verbessern.

Im Rahmen des hier zu behandelnden Themas soll jedoch bevorzugt auf die bedeutende Verstärkung der wirtschaftlichen Verwertung von Kalibegleitstoffen wie Magnesiumchlorid, Magnesiumsulfat, Steinsalz und Brom als entscheidende Quellen einer weiteren Effektivitätssteigerung eingegangen werden. Dabei ist außerdem zu berücksichtigen, daß die bisher relativ geringe Nutzung zu einem beträchtlichen Anfall die Umwelt beeinflussender Abfälle führt.

Als Alternative zum herkömmlichen Heißlöseverfahren wurden Flotationsverfahren entwickelt (Abb. 5 und 6), die auf bestimmte Salztypen abgestimmt sind und auf denen heute etwa ein Drittel der DDR-Produktion aufbaut. Im Weltmaßstab ist der Anteil der Flotationsprodukte wesentlich größer. Bei diesem Verfahren

Abb. 4 VEB Kombinat KALI, Kalibetrieb Zielitz — Absetzer mit Abraumhalde (hauptsächlich Steinsalz) [13]

Abb. 5 VEB Kombinat KALI, Kalibetrieb Zielitz — Flotationsanlage [13]

fällt neben dem gewünschten Kaliprodukt und den Magnesiumsalzen festes Natriumchlorid in beträchtlichen Mengen an, das aufgehaldet wird (Abb. 4).

Dieses bisher nicht genutzte Haldensalz mit einem NaCl-Gehalt von 95 bis 96%

Abb. 6 VEB Kombinat KALI, Kalibetrieb Zielitz — Gesamtansicht [13]

kann u. a. bei entsprechender gegenseitiger Abstimmung im Straßenwinterdienst und auch in anderen Bereichen z. B. als Tausalz eingesetzt werden. Bei einer weiteren Reduzierung der Restfeuchte und der aus dem Flotationsprozeß resultierenden anhaftenden organischen Bestandteile erschließen sich weitere Einsatzgebiete, die insgesamt zu einer Verwertung von mehreren hunderttausend Tonnen/Jahr führen könnten. Damit würden die wertvollen Steinsalzvorräte im Gebiet um Bernburg spürbar geschont, was wiederum für die chemische Industrie z. B. bei Elektrolysesalz für die Natronlauge- und Chlorgewinnung von Vorteil ist.

Der im Rohsalz enthaltene Kieserit ($MgSO_4 \cdot H_2O$) sollte in breitem Maße für den direkten Einsatz bzw. für die Umsetzung zu sulfatischen Düngemitteln zur Verfügung stehen.

Neben den Heißlöseverfahren mit ihrem Zwangsanfall an festem Rückstand und stark salzhaltigen Abstoßlösungen und den schon erwähnten Flotationsverfahren wurde in den letzten Jahren wieder verstärkt die elektrostatische Aufbereitung von Mineralsalzen zur Diskussion gestellt [14—18].

Grundlegende Untersuchungen zur elektrostatischen Trennung von Salzen wurden früher schon in mehreren Ländern, unter anderem auch in der DDR, durchgeführt [14—16].

In der BRD gelang es, ein Verfahren zu entwickeln (Singewald und Fricke, DECHEMA-Preis 1979), dessen Grundlage die natürlichen oder durch Reagenzienzugabe hervorgerufenen Unterschiede der Oberflächenleitfähigkeit der Mineralbestandteile bilden [17, 18]. Abbildung 7 zeigt zwei mögliche technologische Varianten.

Im Kammerscheider fallen die durch Reibung und/oder Kontaktpolarisation aufgeladenen Mineralkörner in das elektrostatische Feld. Unter der Wirkung von Schwer-, Widerstands- und elektrischer Kraft bewegen sich die Körner durch das Feld. Positive Ladungen auf den Teilchen werden eine Auslenkung in Richtung der

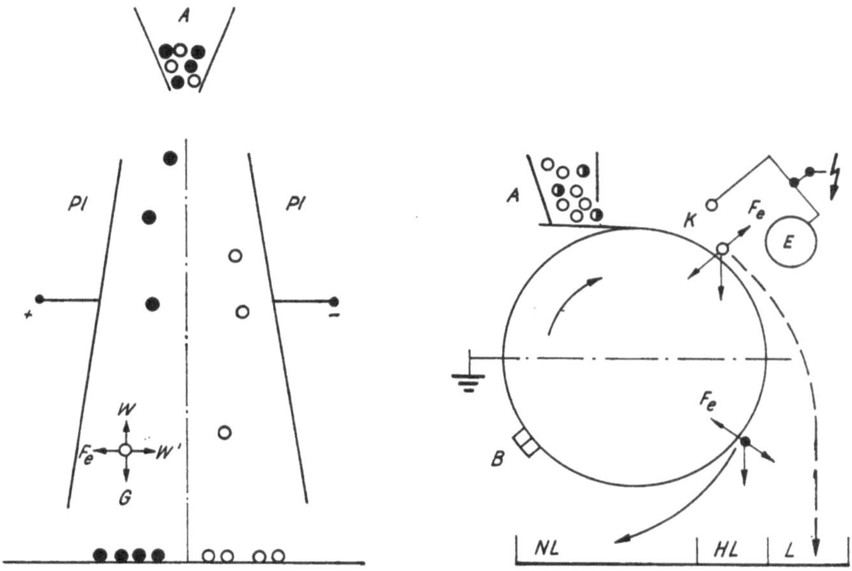

a) Kammerscheider

A: Aufgabe
Pl: Plattenelektrode
F_e: Elektrische Kraft
W,W': Widerstandskräfte
G: Schwerkraft

b) Koronawalzenscheider

K: Koronaelektrode
E: Statische Feldelektrode
NL: Nichtleiter
HL: Halbleiter
L: Leiter

Abb. 7 Technologische Varianten der elektrostatischen Aufarbeitung von Mineralsalzen

negativen Feldelektrode, negative Ladungen in Richtung der positiven Feldelektrode bewirken. Die Qualität der Trennung wird von der Ladung des Korns, der Feldstärke, der Fallzeit und den physikalischen Eigenschaften der Minerale bestimmt. Das Prinzip eines Koronawalzenscheiders ist im zweiten Teil der Abbildung dargestellt. Das zu trennende Mineralgemisch gelangt an die oberste Stelle einer geerdeten Walze, die die Körner in den Bereich der Koronaentladung transportiert. Alle Teilchen nehmen eine Ladung gleichen Vorzeichens auf. Teilchen mit relativ geringem Widerstand — Leiter — geben ihre erworbene Ladung ab, und unter der Wirkung der Zentrifugal-, Schwer- und Coulombkraft nehmen sie die eingezeichnete Bewegungsbahn an. Nichtleiter behalten ihre Ladung, werden im elektrischen Feld und nach Verlassen desselben infolge coulombscher Kräfte an der Walze festgehalten, verlassen diese entsprechend dem Kräftegleichgewicht oder werden entfernt. Halbleiter beschreiben eine dazwischen liegende Bewegungsbahn. Durch Einsatz von Konditionierungsmitteln — also die Oberfläche der Minerale unterschiedlich verändernde Substanzen — und entsprechende äußere Bedingungen ist es heute möglich, Mehrkomponentensysteme z. B. aus Kaliumchlorid (KCl), Carnallit (KCl ·

$MgCl_2 \cdot 6H_2O$), Magnesiumsulfat ($MgSO_4 \cdot H_2O$) oder Calciumsulfat ($CaSO_4$) gezielt aufzuarbeiten und eine der Komponenten anzureichern.

Für die Trennung eines Hartsalzgemisches bestehend aus Natriumchlorid, Sylvin, Carnallit und Kieserit kommen z. B. folgende Varianten in Betracht, wobei auf die zu realisierenden Bedingungen nicht näher eingegangen werden soll. (Abb. 8):

Variante 1: Gewinnen eines Sylvin-Carnallit-Konzentrates im ersten Schritt, Aufarbeitung des Rückstandes zu einem Kieseritkonzentrat und NaCl als Rückstand

Variante 2: Gewinnen eines Kieseritkonzentrates, dann eines Kalikonzentrates und des NaCl-Rückstandes

Variante 3: Vorabscheidung des NaCl-Ballastes des Rohsalzes und herkömmliche Aufarbeitung des Rohsalzes.

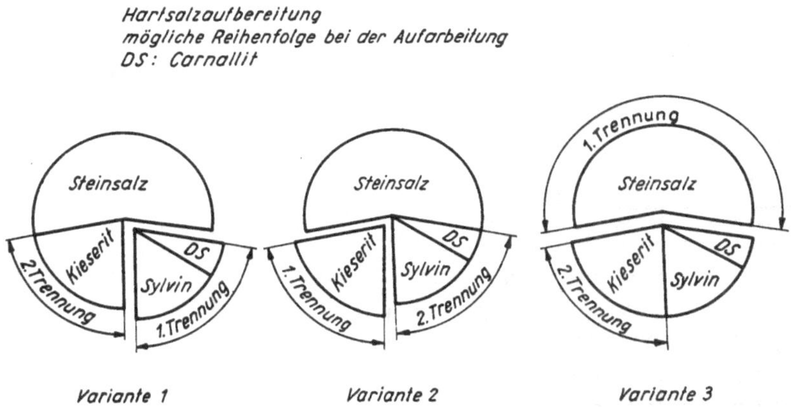

Abb. 8 Mögliche Reihenfolgen bei der elektrostatischen Aufarbeitung von Hartsalzen [17]

Variante 3 wird bereits großtechnisch angewendet. Die Kosten der elektrostatischen Abscheidung betragen dabei nach Aussagen von Singewald etwa das Vierfache des konventionellen naßtechnischen Verfahrens. Die sich abzeichnenden Vorteile sind höhere Mineralausbeuten, Einsparung von Energie in Form von Dampf und geringere Ausgaben für den Schutz der Umwelt. Die weitere Entwicklung bzw. der Einsatz dieses wie auch anderer möglicher Trennverfahren wird maßgebend von Veränderungen der ökonomischen Bewertung z. B. der Umweltfaktoren abhängen.

Die vor allem im Mischrohsalz- bzw. Carnallititaufarbeitungsprozeß anfallenden hochkonzentrierten Magnesiumchloridlösungen werden derzeit überall nur zu einem geringen Teil aufgearbeitet. Dabei ist es grundsätzlich möglich, ausgehend von diesen Lösungen unter anderem folgende interessante Produkte herzustellen: hochfeuerfeste Magnesiasteine, Magnesia- oder Sorelzement, Frostschutz- und Imprägniermittel, Magnesium und seine Verbindungen, Chlor bzw. Chlorwasserstoffsäure.

Mögliche Verarbeitungsschemata zur Herstellung einer $MgCl_2$-Sole bzw. für ihre weitere Verarbeitung zeigen die nächsten beiden Abbildungen (Abb. 9 und 10). In diesem Zusammenhang ist es notwendig darauf hinzuweisen, daß nach meiner Auffassung jede Veredlung eines geförderten Minerals bei entsprechendem volks-

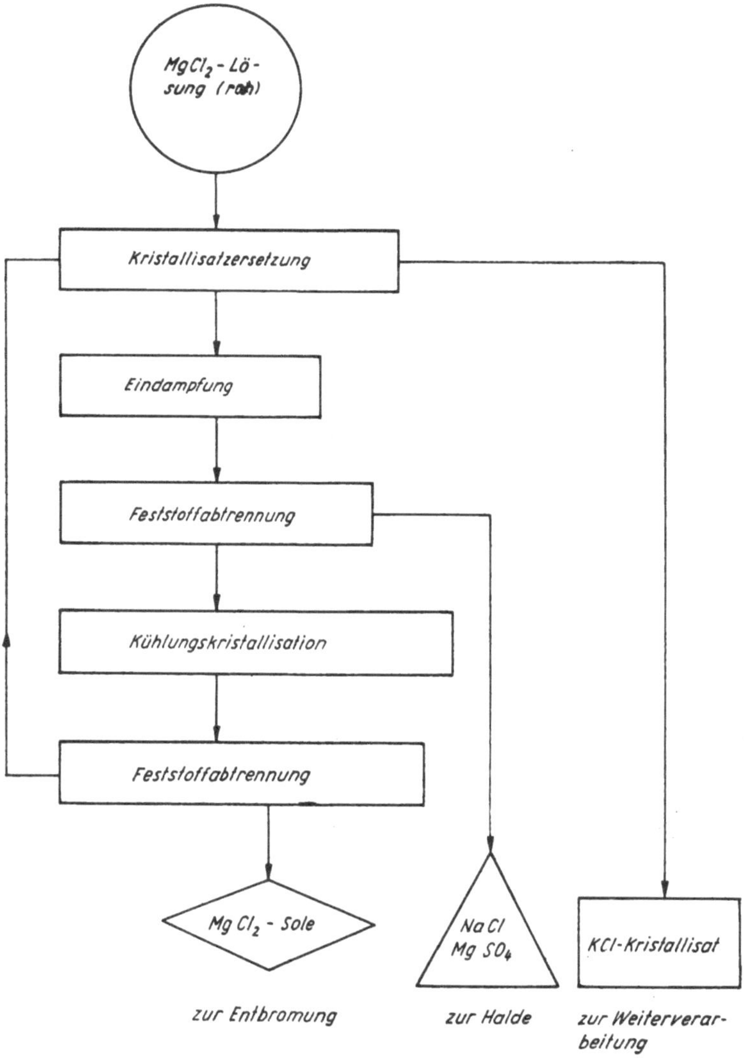

Abb. 9 Schema einer $MgCl_2$-Soleproduktion

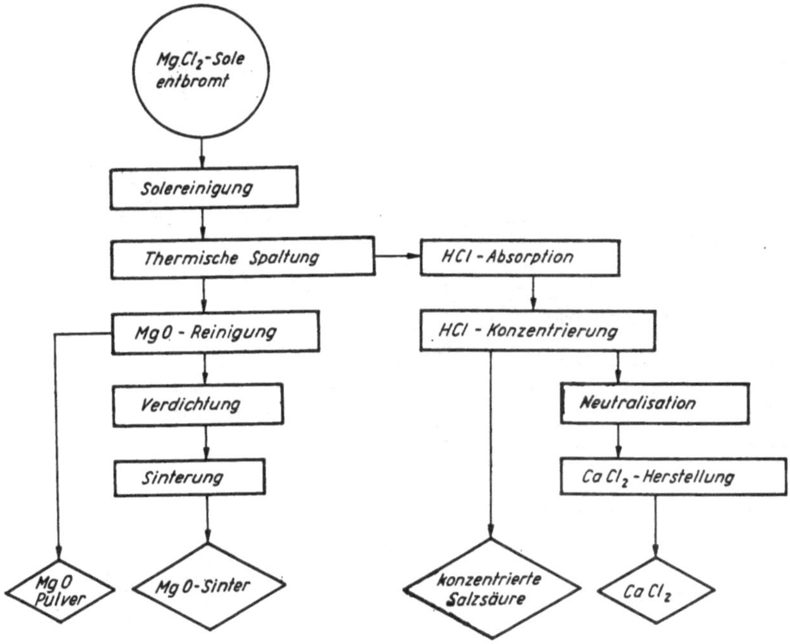

Abb. 10 Schema zur Sintermagnesitherstellung

wirtschaftlichem Bedarf und vorhandenen Technologien sinnvoll ist, auch wenn nur ein gewisser Prozentsatz weiter genutzt und damit nicht das Gesamtproblem des Zwangsabstoßes gelöst wird.

Ein Schema von Reaktionsabläufen als Basis für mögliche naturwissenschaftliche, besonders chemische Untersuchungen ausgehend von $MgCl_2$ bzw. Carnallit zeigt Abb. 11.

In den letzten Jahren hat die Bedeutung von Brom für die Herstellung einer Reihe wichtiger anorganischer und organischer Produkte beträchtlich zugenommen. Seine weitreichenden Anwendungsmöglichkeiten sind in Tab. 1 zusammengestellt. Dabei ist seit etwa 5 bis 6 Jahren international eine deutliche Verschiebung des Bromeinsatzes von den Antiklopfmitteln zu Flammenschutz- und Feuerlöschmitteln zu verzeichnen, während der Anteil anorganischer Bromverbindungen sowie Pharmaka mit etwa je 5% konstant bleibt.

Die Rohstoffquellen für Brom sind:

- Meerwasser
- natürliche Salzsolen
- Arbeits- und Abstoßlösungen aus Fabrikbetrieben der Kalidüngemittelindustrie.

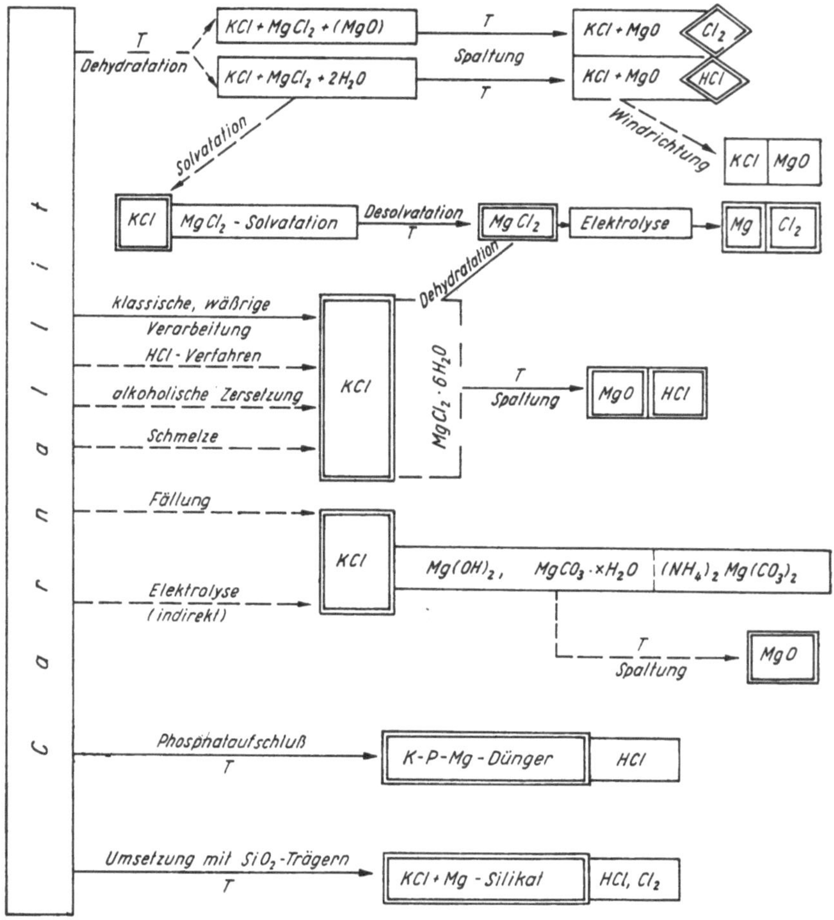

Abb. 11 Schema für mögliche Umsetzungsvarianten zu verwertbaren Endprodukten ausgehend von Carnallit

In der DDR ist Brom mit etwa 2 g Br/l Abstoßlösung vor allem in den carnallitit- bzw. mischsalzverarbeitenden Betrieben vorhanden. Die Nutzung dieser Ressource ist ein günstiger Weg zur Bromerzeugung.

Die extensive Erweiterung und Rationalisierung der Bromgewinnung sowie der Hilfs- und Nebenprozesse erforderte in den letzten Jahren eine wissenschaftliche Durchdringung aller Teilstufen des Heißentbromungsverfahrens. Neben einer wärmewirtschaftlichen und werkstoffseitigen Rationalisierung stand das Problem der Suche nach einem neuen Neutralisations- und Reduktionsmittel.

Tabelle 1 Einsatzbeispiele für Brom

Produkt	Einsatzgebiet
Dibromethan	Bestandteil von Antiklopfmitteln
Trifluorbrommethan	Feuerlöschmittel
Bromierte Kohlenwasserstoffe	Flammenschutzmittel
Bromierte Räuchermittel	Landwirtschaft
Methyl- und andere Alkylbromide	Landwirtschaft zur Bodendesinfektion
Bromhaltige Pflanzenschutzmittel (u. a. Herbicide)	Landwirtschaft (leichter abbaubar als Chlorpräparate)
Anorganische Bromverbindungen ($ZnBr_2$)	Analytik
Alkalimetallbromide	Fotoindustrie
Bromessigsäureethylester	Vitamin-A-Synthese
Bromcarbamide	Schlafmittel

- Neutralisation: Abbinden der freien Chlorwasserstoffsäure derzeit durch Soda (Na_2CO_3)
- Reduktion: Reduktion des Chlors derzeit durch Natriumthiosulfat ($Na_2S_2O_3 \cdot 5H_2O$).

Nachteile des alten Verfahrens bestanden in:
- Ausfällen amorpher Hydroxide, Oxichloride, basischer Carbonate;
- nur sehr störanfälligen Möglichkeiten zu einer meßtechnischen Kontrolle und Automatisierung;
- schlechten Arbeits- und Lebensbedingungen;
- starker Umweltbelastung.

Nach Aufstellung von Auswahlkriterien unter Verwendung einer Punkteskala, die technologische, ökonomische, werkstofftechnische und sicherheitstechnische Kriterien enthielt, der Auswertung der Literatur und nach orientierenden Laborversuchen boten sich die Stickstoffverbindungen Ammoniak (NH_3); Hydrazin (N_2H_2) und Hydroxylamin (NH_2OH) und darunter bevorzugt das Ammoniak für einen technischen Einsatz an.

Eine Analye des Systems Br_2-H_2O-NH_3 sowie vergleichbarer anderer Systeme erbrachte lückenhafte Aussagen über das Reaktionsverhalten und eine gefahrlose Gestaltung des Neutralisations- und Reduktionsprozesses. Es war deshalb notwendig, den Reaktionsmechanismus einschließlich seiner Beeinflußbarkeit, die Grenzen des Auftretens von Explosivstoffen sowie die Reaktionskinetik zu untersuchen, eine Optimierung der Reaktionen vorzunehmen und technologisch-verfahrenstechnische Schlußfolgerungen für die Gestaltung der Neutralisation und Reduktion entbromter Lösungen mit Ammoniak abzuleiten.

Die Reaktionen folgen im interessierenden Temperaturbereich weitgehend einem Substitutionsmechanismus, dem die Neutralisation überlagert ist (Abb. 12). Eine untergeordnete Rolle spielt der Redoxmechanismus, der ebenfalls zum stabilen Endprodukt N_2 führt. Zu beachten ist, daß die ablaufenden Reaktionen stark pHabhängig sind. Durch geeignete Wahl der Randbedingungen wie Konzentration der Reaktanden, Temperatur, pH-Wert und NH_3-Dosierungstechnik ist es möglich, Reaktionsmechanismus und -geschwindigkeit im gewünschten Sinn zu beeinflussen. Durch Verwendung von NH_3 als Neutralisations- und Reduktionsmittel wurde damit eine wesentliche Voraussetzung für ein neues, die Bromproduktion qualitativ und

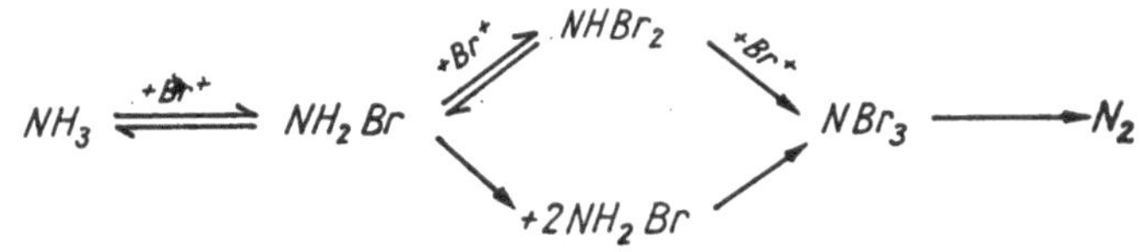

Abb. 12 Reaktionsabläufe bei der Anwendung von NH_3 zur Reduktion und Neutralisation bei der Bromherstellung

Abb. 13 Ausschnitt aus einer Bromfabrik [13]

quantitativ beeinflussendes Verfahren geschaffen, das seine technische Bewährung bestanden hat [19].
Abb. 13 zeigt einen kleinen Ausschnitt aus einer Bromfabrik, Abb. 14 das Fließschema des angewendeten Verfahrens.

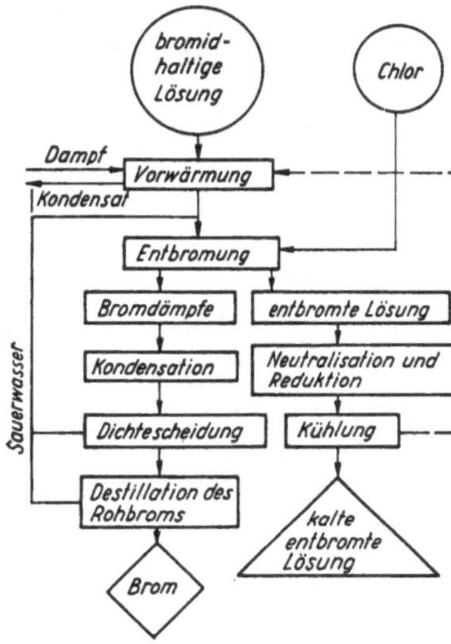

Abb. 14 Fließschema des Verfahrens zur Herstellung von Brom

2.2 Kalk

Calciumcarbonat wird als Produkt organischen Ursprungs in der Regel nicht unmittelbar zu den Mineralsalzen gerechnet, obwohl es natürlich ein anorganisches Salz und für die stoffumwandelnde Industrie ein entscheidender Rohstoff ist. Auch hier soll nicht auf die Nutzung der Naturvorkommen und die damit im Zusammenhang stehenden Probleme eingegangen werden, sondern auf Beispiele des Zwangsanfalls von Calciumcarbonat bzw. seiner Folgeprodukte Calciumoxid und Calciumhydroxid bei bekannten Verfahren der chemischen Großindustrie. Ausführliche Materialien wurden mir dankenswerterweise von den Herren Prof. Dr. H. Hofmann, Freiberg, und Dr. W. Friedrich, Schkopau, zur Verfügung gestellt, die z. T. publiziert wurden bzw. werden [22–25].

Bei der Ammoniumsulfatproduktion fällt in großen Mengen ein Koppelprodukt an, das hauptsächlich aus Calciumcarbonat besteht und derzeit im feuchten Zustand in offenen Waggons versandt und als Düngekalk verwendet bzw. verspült wird. Im VEB Kombinat Leunawerke „Walter Ulbricht“ fallen große Mengen ammonium-carbonathaltige Lösungen z. B. bei der Harnstoffproduktion an, die bei der Umsetzung mit Anhydrit eine ammoniumsulfathaltige Lösung und Calciumcarbonat nach der Gleichung

$$(NH_4)_2CO_3 + CaSO_4 \rightarrow (NH_4)_2SO_4 + CaCO_3$$

bilden. Das vereinfachte Fließschema des Prozesses ist in Abb. 15 dargestellt. Feingemahlener Anhydrit wird mit den ammoniumcarbonathaltigen Lösungen bei 40° bis 60° C zur Umsetzung gebracht. Nach einer Verweilzeit von etwa 8 Stunden hat sich eine Aufschlämmung von festem Calciumcarbonat in der Ammoniumsulfat-

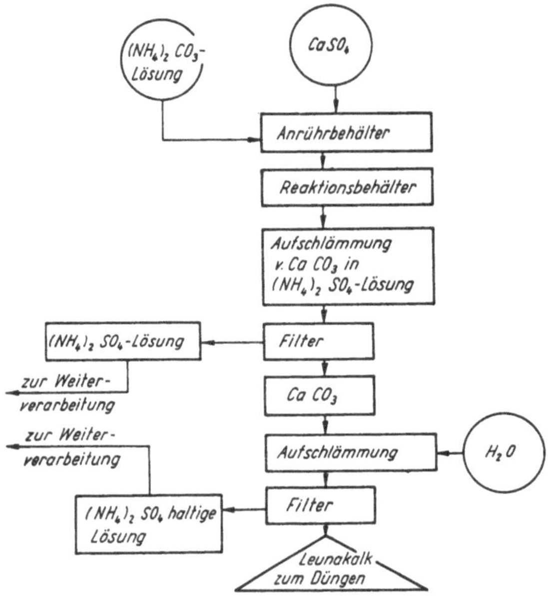

Abb. 15 Fließschema des Verfahrens zur Herstellung von Ammoniumsulfat

lösung gebildet. Das feste Produkt wird mit Vakuumfilternutschen von der Lösung abgetrennt, über mehrere Waschphasen und eine Aufschlämmphase weitgehend von der anhaftenden Ammoniumsulfatlösung befreit und schließlich auf Drehfiltern abgeschieden. Der Filterkuchen enthält noch etwa 25% Wasser und wird in Form als „Leunakalk zum Düngen" abgesetzt. Je nach den Produktionsbedingungen kann die chemische Zusammensetzung dieses Produktes in gewissen Grenzen schwanken. Eine Durchschnittsanalyse ist in Tab. 2 angegeben. Eine röntgenographische Untersuchung ergab, daß der Kalk hauptsächlich aus den beiden Calciumcarbonat-Modifikationen Calcit und Vaterit besteht. Die spezifische Oberfläche liegt bei etwa $2{,}8\ m^2 \cdot g^{-1}$. Das im Leunakalk enthaltene Calciumcarbonat zeichnet sich durch eine äußerst feinteilige Form aus und besteht aus blättchenförmigen Kristalliten, die im allgemeinen etwa 0,3 µm dick und 0,5 µm lang sind. Diese bilden rundliche Aggregate, deren Korngröße stark variiert. In Abb. 16 ist ein rasterelektronenmikrosko-

Tabelle 2 Durchschnittsanalyse von feuchtem Leunakalk (Angaben in Masseprozent)

$CaCO_3$	68,0 ...72,0
MgO	0,3 ... 0,8
SiO_2	0,2 ... 0,6
Al_2O_3	0,1 ... 0,2
Fe_2O_3	0,01... 0,03
$(NH_4)_2SO_4$	1,5 ... 3,0
$CaSO_4$	3,0 ... 7,0
H_2O	25,0 ...27,0

Abb. 16 Rasterelektronenmikroskopische Aufnahme von Leunakalk (Vergrößerung 1:3 000) [22, 23]

pisches Sekundärelektronenbild von Leunakalk dargestellt, in Abb. 17 das unter gleichen Aufnahmebedingungen erhaltene Sekundärelektronenbild von Rügener Kreide.

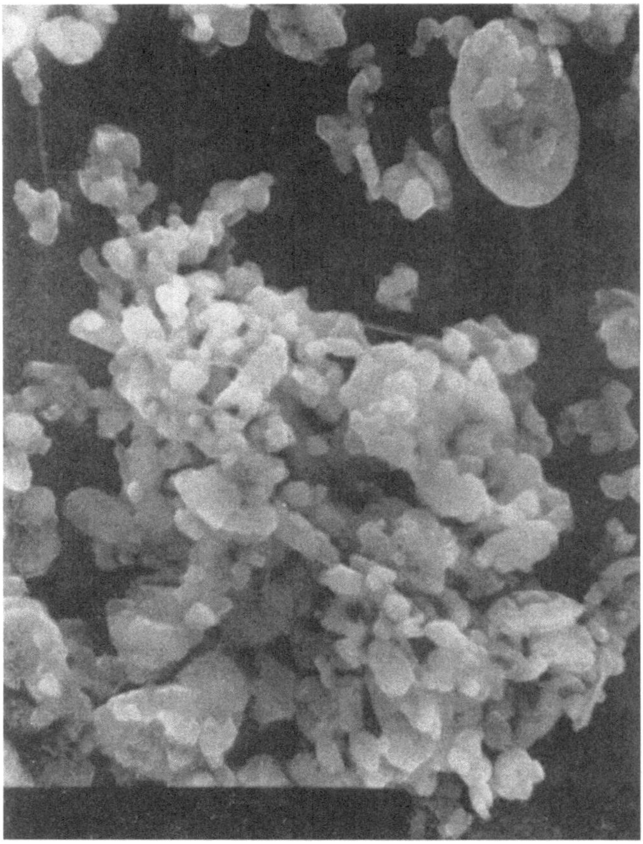

Abb. 17 Rasterelektronenmikroskopische Aufnahme von Rügenkreide (Vergrößerung 1:3000) [22, 23]

Die Kornaggregate des Leunakalks weisen keine Mikroporosität auf. Das ist der Grund dafür, daß der feuchte Leunakalk noch bei einem Wassergehalt von 27% von krümeliger Beschaffenheit und gut schüttfähig ist, während Rügenkreide mit gleichem Wassergehalt ausgesprochen pastösen Charakter besitzt. Die chemische Zusammensetzung einiger Kalke ist in Tab. 3 zusammengefaßt.

Auf Grund seiner chemischen Zusammensetzung, seiner besonderen Struktur und seiner Reaktionsfreudigkeit stellt Leunakalk einen interessanten Rohstoff dar. Sein geringer Gehalt an Eisenverbindungen, der von keinem anderen Kalkrohstoff erreicht wird, weisen ihn als möglichen Glasrohstoff aus. Aufgrund seines hohen Weißgrades und seiner Struktur könnte er als Rohstoff für Füll-, Farb- und Trägersubstanzen besonders in der Gummi- und Plastindustrie von Interesse sein.

Tabelle 3 Chemische Zusammensetzung verschiedener Kalke (Angaben in Masseprozent)

	SiO_2	Al_2O_3	Fe_2O_3	CaO	MgO	SO_3	Glühverlust
Rübeländer Kalk	3,3	0,7	0,3	51,6	1,6	0,3	42,2
Rügenkreide	1,8	0,6	0,3	54,5	0,3	0,1	42,4
Herbslebener Wiesenkalk	0,3	0,28	0,05	53,1	0,6	1,55	44,6
Leunakalk (getrocknet)	0,5	Spuren	0,03	54,5	0,3	3,0	43,2

Erste Untersuchungen über Möglichkeiten des Einsatzes von Leunakalk in der Glasindustrie wurden 1974 von Hofmann, Dusdorf und Hennek in unserem Wissenschaftsbereich an der Bergakademie Freiberg und von Koch und Liebig [20, 21] in der Glasindustrie durchgeführt, wobei sich die grundsätzliche Eignung dieses Produktes als Glasrohstoff erwies. Die Untersuchungen wurden besonders unter dem Aspekt durchgeführt, den Eisengehalt im entfärbten Wirtschaftsglas zu senken.

Als natürlich vorkommende eisenarme Kalke stehen in der DDR nur einige sogenannte Wiesenkalke zur Verfügung. Ihr Fe_2O_3-gehalt liegt unter 0,1 %. In welchem Maße der Eisengehalt des Glases von den beiden Hauptrohstoffen Sand und Kalk beeinflußt wird, zeigt Tab. 4. Sie gibt die Eisenbilanz eines entfärbten Wirt-

Tabelle 4 Eisenbilanz für entfärbtes Wirtschaftsglas

Rohstoff	Anteil im Versatz in kg	mittlerer Fe-Gehalt im Rohstoff in %	Eiseneinbringung in das Glas in g	in %
Sand Sorte 3	100	0,02	20,0	58,5
Herbslebener Wiesenkalk	24	0,05	12,0	35,1
Soda	26	0,003	0,8	2,3
Übrige Rohstoffe	13	0,003	1,4	4,1
Summe	163		34,2	100,0

schaftsglases wieder und zeigt, daß 35 % des Fe_2O_3 in diesem Glas aus dem Kalk stammen. Daraus folgt, daß durch Einsatz von Leunakalk anstelle von natürlich vorkommenden Kalken der Eisengehalt des Glases gesenkt werden kann oder daß eisenreichere Glassande eingesetzt werden können, ohne daß sich der Eisengehalt des Endproduktes erhöht.

Der Einsatz von Leunakalk in der anfallenden Form als Glasgemengerohstoff bereitet einige Schwierigkeiten. Die Versuche von Hofmann und Mitarbeitern führten u. a. zu den folgenden Ergebnissen. Leunakalk enthält „leichtflüchtige" und „schwerflüchtige" Ammoniumverbindungen. Bei ersteren handelt es sich um anhaftende Ammoniumsalze, die sich mit Wasser auswaschen lassen und die durch alkalisch reagierende Stoffe wie Soda in Gegenwart von Wasser bereits bei Zimmertemperatur zersetzt werden. Die „schwerflüchtigen" Ammoniumverbindungen reagieren auch in Gegenwart von Wasser bei Zimmertemperatur nicht. Durch Erhitzen des feuchten Produktes lassen sich Ammoniumverbindungen weitgehend abreichern. Getrockneter Leunakalk spaltet beim Vermischen mit Soda auch in Gegenwart von Wasser kein Ammoniak mehr ab. Durch Trocknen des Rohproduktes gelingt es also, ein Produkt zu erhalten, daß sich auch in modernen Glasrohstoffgemengebereitungsanlagen problemlos verarbeiten läßt. Beim Brennen des Leunakalkes werden alle Ammoniumverbindungen zerstört. Großtechnische Untersuchungen über den Einsatz von modifiziertem Leunakalk wurden 1980 in der Glasindustrie unter Leitung von Schlicke durchgeführt. Die erzielte Glasqualität war sehr gut. Trotz des geringen Versuchszeitraumes gelang es, die Glasfarbe merklich aufzuhellen und dabei gleichzeitig den Anteil des Entfärbungsmittelzusatzes um 30 % zu reduzieren. Im gleichen Jahr führten Schlicke, Jakob und Frey Versuche zur Trocknung von Leunakalk mit einem Verbandtrockner im VEB Kaolinwerk CAMINAU durch, die positiv verliefen.

Auf Ergebnisse von Untersuchungen zur Nutzung von Leunakalk als Füllstoff soll hier nicht eingegangen werden.

Eine wesentliche Voraussetzung für den Einsatz von Leunakalk in der Glasindustrie wie auch in anderen Industriezweigen ist die Bereitstellung eines Produktes mit möglichst gleichmäßiger Zusammensetzung. Aus dieser Forderung ergeben sich natürlich auch neue Aufgaben für den Hersteller, die sich jedoch bei den möglichen, wesentlich effektiveren Einsätzen eines Teils des Kalkes lohnen.

Auch bei der für die DDR so wichtigen Ethinherstellung (Acetylen) als maßgeblichem Ausgangsstoff für organische Synthesen fällt ein stark calciumoxidhaltiger Abfall in schlammiger Form an. Die Umsetzung des zuerst erzeugten Calciumcarbids mit Wasser verläuft nach folgender Gleichung

$$CaC_2 + 2H_2O \rightarrow C_2H_2 + Ca(OH)_2.$$

Dieses sogenannte Carbidkalkhydrat wird in beachtlichen Mengen gemeinsam mit kalkreicher Braunkohlenfilterasche irreversibel auf industriellen Absatzanlagen verspült. Die entstehenden Halden müssen aus Gründen der Umweltgestaltung begrünt werden. Der sich im Boden einstellende pH-Wert > 13 ist für ein Pflanzenwachstum zu hoch. Die mit CO_2 aus der Luft ablaufende Reaktion

$$Ca(OH)_2 + CO_2 \rightarrow CaCO_3 + H_2O,$$

deren Geschwindigkeit in der Deckschicht der Halden durch Bodenauflockerung beschleunigt werden kann, erniedrigt den pH-Wert im Boden etwa auf pH 9. In drei bis vier Jahren konnte der $Ca(OH)_2$-Gehalt des Bodens auf $< 0{,}2$ % reduziert werden. Nach Düngung mit Phosphordüngemittel erfolgte eine erfolgreich verlaufende Bepflanzung mit verschiedenen Süßgräsern. Diese von Müller und Friedrich erzielten Ergebnisse tragen zweifellos zu einer Lösung des Abfallproblems bei.

Für die interessantere Verwertung der erwähnten Abfälle als Sekundärrohstoffe sind die folgenden Ergebnisse besonders erwähnenswert.

Kraftwerksfilteraschen enthalten Calciumsilicate mit hydraulischen Eigenschaften, so daß sie als Zementrohstoff in Betracht zu ziehen sind. Die ständig wechselnde Qualität der Aschen sowie der zu hohe Gehalt an sogenanntem freien CaO (8 bis 11 %) machen diese Nutzung in bestimmten Fällen möglich, dennoch sind die Einsätze als Leichtzuschlagstoffe, Bindemittel zur Kalkung (Boden), Meliorationsmittel u. a. diskussionswürdig.

Ein besonderer Nachteil des Kalkhydratschlammes ist die außerordentlich schwierig durchzuführende Entwässerung (H_2O-Gehalt des Schlammes ~ 50 %). Nach Trocknen bzw. Brennen bietet sich eine Nutzung zur Produktion von Bauelementen aus Schlamm und Gips oder als Baukalk an.

Eine Kombination beider Abfälle bietet die Möglichkeit der Erzeugung eines granulierten Kalkdüngemittels. Dazu wird der thixotrope Kalkhydratschlamm mit trockener Braunkohlenfilterasche im Verhältnis 1:1 vermischt. Diese Mischung besitzt plastische Eigenschaften, so daß sie stückig verformt werden kann. Die hydraulische Reaktion der Filterasche bewirkt eine Verfestigung; nach Zerkleinerung und Klassierung wird ein Produkt mit etwa 45% basisch wirkender Substanz gewonnen, das als granulierter Kalkdünger mit guter Lager- und Streufähigkeit einsetzbar ist, wie entsprechende Tests gezeigt haben.

2.3. *Schwefelsäure*

Schwefelsäure, einer der am meisten gebrauchten Grundstoffe der chemischen Industrie, erscheint bei stoffumwandelnden Prozessen oft nicht in den End-, sondern nur in Zwischenprodukten und dient außerdem als Reaktionsmedium, Katalysator und Trockenmittel. In vielen Verfahren entstehen verunreinigte Abfallschwefelsäuren, Lösungen von Ammonium- bzw. Natriumsulfat oder feste Calciumsulfate. Die Rückführung dieser Abfälle in die Produktion ist bisher nur teilweise möglich, so daß angesichts der steigenden Produktions- und Verwendungskapazitäten für Schwefelsäure, der Rohstoffsituation und der strenger werdenden Umweltschutzbestimmungen eine Lösung dieses Problems immer dringlicher wird.

Abb. 18 enthält Stoffe, die unter Verwendung von Schwefelsäure hergestellt werden, und weist außerdem die dabei entstehenden Abfälle aus.

Die Abfallschwefelsäuren besitzen eine gegenüber den Ausgangssäuren geringere Konzentration, die neben den vorhandenen Verunreinigungen nur in wenigen Fällen eine Weiterverwendung erlaubt. Die durch chemische Umsetzung aus der Schwefelsäure entstehenden Salze (Gips, Anhydrit, Natriumsulfat, Ammoniumsulfatlösungen) werden bisher in beachtlicher Menge entweder auf Halden gebracht oder als Schlämme bzw. verdünnte Lösungen in Flüsse geleitet.

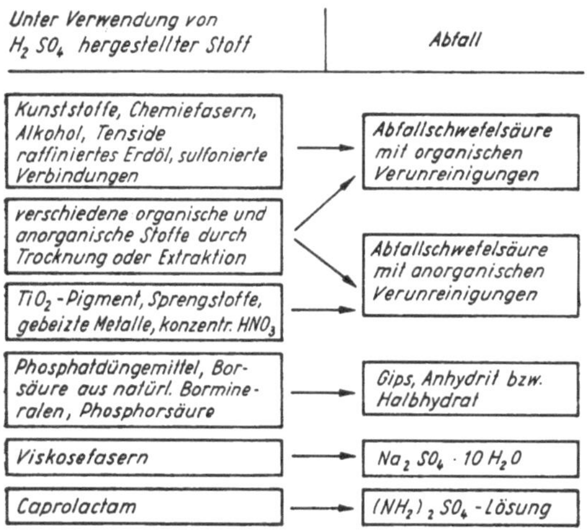

Abb. 18 Übersicht über die Verwendung von Schwefelsäure in chemischen Prozessen und die dabei entstehenden Abfälle

Eine Übersicht über Verfahren zur Rückgewinnung von Schwefelsäure aus Abfällen, deren Entwicklungen in letzter Zeit besonders zu beachten sind, ist in Abb. 19 enthalten.

Eine Konzentrierung von Abfallsäuren kommt grundsätzlich nur bei nicht oder

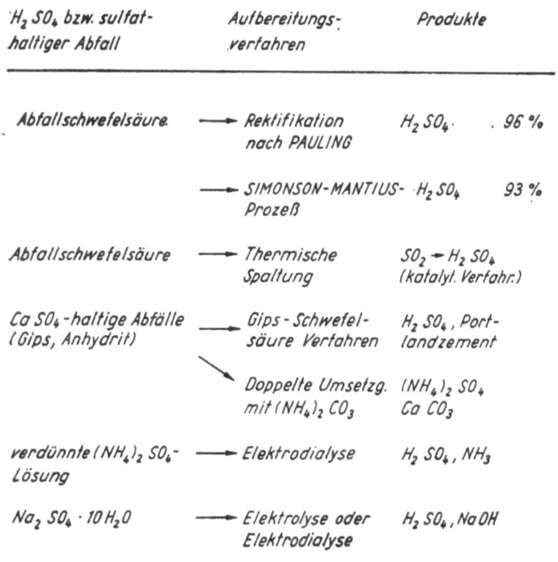

Abb. 19 Übersicht über Verfahren zur Rückgewinnung von Schwefelsäure aus Abfällen

schwach verunreinigten Säuren in Betracht, sofern die Verunreinigungen dabei abgebaut werden oder beim Wiedereinsatz nicht stören.

Die aufzuwendende Energie für die
- Aufheizung der Abfallsäure bis zum Siedepunkt
- Bereitstellung der Dehydratationswärme
- Verdampfung des zu entfernenden Wasseranteils

kann entweder durch indirekte Beheizung mit verschiedenen Brennstoffen oder direkt mit der im Dampf enthaltenen Enthalpie zugeführt werden. Daraus ergibt sich, daß die Belastung dieser Verfahren mit Energiekosten recht hoch ist.

Die Rektifikation von Schwefelsäure ist bereits seit etwa 65 Jahren bekannt. Das Verfahren ist in den letzten Jahren durch Übergang zu größeren Apparateeinheiten, eine wirtschaftlichere Wärmeausnutzung und verbesserte Brenner unter Einsatz von Erdgas vervollkommnet worden.

Das Prinzip des Verfahrens besteht darin, einem beheizten Rührkessel, der mit konzentrierter Schwefelsäure gefüllt ist, kontinuierlich Abfallsäure geringerer Konzentration über eine Glockenboden-Abtriebskolonne zuzuführen (Abb. 20). Organische Verunreinigungen der Abfallsäure werden durch Schwefelsäure selbst oxydiert (bei Konzentrationen < 0,3%):

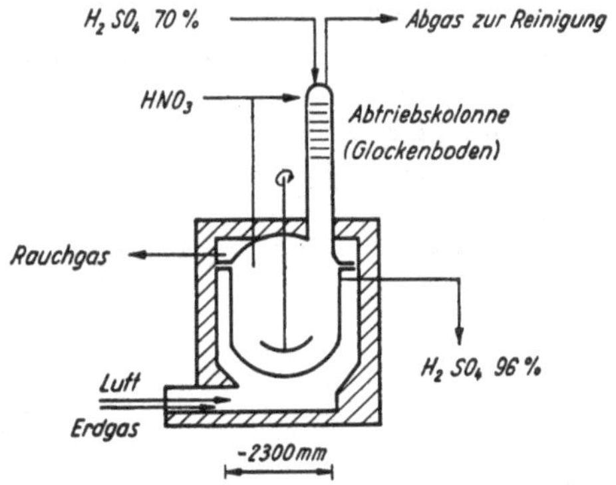

Abb. 20 Prinzipieller Aufbau einer H_2SO_4-Rektifikation nach PAULING (Rauchgasumwälzung, Verbrennungsluftvorwärmung, Kühlwasserkreisläufe sind nicht dargestellt)

$$(-CH_2-) + 3H_2SO_4 \rightarrow CO_2 + 3SO_2 + 4H_2O.$$

Höhere Konzentrationen an organischen Verunreinigungen erfordern den Zusatz von HNO_3 oder anderen Oxydationsmitteln. Allerdings verbleibt ein Teil speziell der anorganischen Verunreinigung in der erhaltenen 96%igen Schwefelsäure. Die Größe der heute betriebenen Kessel aus Guß, die auf Grund der hohen H_2SO_4-Konzentration korrosiv relativ wenig angegriffen werden, beträgt etwa 8 m^3. Die Temperatur im Feuerraum liegt zwischen 800 und 1100 °C.

Die Wirtschaftlichkeit des Verfahrens hängt u. a. von der Qualität der Abfallsäure ab. Es ermöglicht die vollständige Rückführung bestimmter Abfallsäuren in die Produktion. Die Bedeutung dieses Verfahrens in Verbindung mit dem Bau neuer Schwefelsäureanlagen geht zurück.

In den USA ist der CHEMICO-DRUM-Konzentrator [26] verbreitet, der aus einer Kaskade von drei Kesseln besteht, in denen die zu konzentrierende Abfallsäure mit im Gegenstrom geführtem Wasserdampf niedrigen Drucks beheizt wird.

Probleme gibt es mit beiden Verfahren hinsichtlich der Werkstoffauswahl. Für Rohrleitungen kommen neuerdings Fe—Si-Verbindungen zum Einsatz. Beide Verfahren sind dann vorteilhaft, wenn größere Abfallmengen zu verarbeiten sind und preiswerter Abdampf zur Verfügung steht.

Für eine Konzentrierung unter Vakuum sprechen folgende Gründe:

— der verminderte Druck erniedrigt die Siedetemperatur und damit die aufzubringende Wärme
— die korrosive Aktivität der Schwefelsäure sinkt mit der Temperatur
— es treten kaum noch Abgase auf.

Technisch wird dieses Prinzip im Simonson-Mantius-Prozeß gelöst. Die Anlagen werden im allgemeinen zweistufig ausgeführt und sind besonders für die Konzentrierung stark verdünnter Säuren geeignet. Die erreichbare Endkonzentration liegt bei 93%, was bekannterweise nicht für alle Anwendungsgebiete genügt.

Besondere Probleme ergeben sich, wenn anorganische Verunreinigungen in der Säure enthalten sind, wie z. B. beim Aufarbeiten von Eisensulfat-Säureschlämmen (von Metallbeizen; aus der Titaniumdioxid-Herstellung). Ein Verfahren basiert darauf, daß sich gelöstes $FeSO_4$ mit steigender Temperatur vom Heptahydrat zum

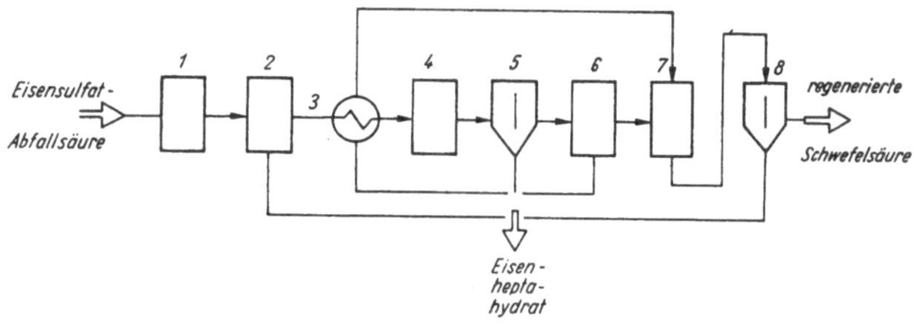

Abb. 21 Abfallschwefelsäureregeneration am Beispiel der Aufarbeitung eisensulfathaltiger Abfallsäure durch Vakuumverdampfung und Kristallisation [27]. (Statt Eisenheptahydrat lies Eisensulfatheptahydrat)

1, 7:	Vakuumverdampfer	2, 6:	Zwischentank
3:	Monohydratschlammkühler	4:	Vakuumkristallisator
5:	Heptahydratabschneider	8:	Monohydratabschneider

Monohydrat umbildet und die Löslichkeit des Salzes in Schwefelsäure abnimmt. Das Verfahrensschema ist in Abb. 21 dargestellt [27].

Unter Umständen scheint es vorteilhaft, eine Zersetzung der Eisensulfat-Säureschlämme in der Wirbelschicht vorzunehmen. Man erhält nach dem Prinzip der Säurespaltung SO_2 (6 ... 18%ig) und mehr oder weniger reines Fe_2O_3 [29].

Eine höhere Reinheit von aus Abfällen hergestellter Schwefelsäure wird durch das Verfahren der thermischen Spaltung erzielt. Sie verläuft nach folgenden Reaktionsgleichungen:

$$H_2SO_{4(l)} \rightarrow H_2O_{(g)} + SO_{3(g)} \quad \text{(A)}$$
$$SO_{3(g)} \rightarrow SO_{2(g)} + 1/2\, O_{2(g)} \quad \text{(B)}$$

$$H_2SO_{4(l)} \rightarrow H_2O_{(g)} + SO_{2(g)} + 1/2\, O_{2(g)} \quad \text{(C)}$$

Die endotherme Gesamtreaktion verläuft nach thermodynamischen Berechnungen oberhalb 850 °C. In der Praxis wird aus kinetischen Gründen bei etwa 1000 °C gearbeitet. Die Anwendung von Katalysatoren für die Reaktion B scheidet infolge der Anwesenheit der Verunreinigungen aus. Verfahrenstechnisch interessant ist der Einsatz von Rotationszerstäubern für die Abfallsäure am Kopf des Reaktionsgefäßes. Organische Verunreinigungen wirken sich bei diesem Verfahren sogar günstig aus, da ihre Verbrennung die Wärmebilanz verbessert. Die Säurespaltungsverfahren besitzen produkt- und energiewirtschaftliche Vorteile, jedoch müssen größere Investitionskosten in Kauf genommen werden.

Für beide Verfahren (Rektifikation und thermische Spaltung) gilt, daß in Wirtschaftlichkeitsbetrachtungen die Kosten der Abfallbeseitigung in die Kosten der konventionellen H_2SO_4-Herstellung einbezogen werden müssen.

Liegen $CaSO_4$-haltige Abfälle der Schwefelsäureanwendung vor, so kann das in der DDR seit langem betriebene Gips-Schwefelsäure-Verfahren zur Rückgewinnung von SO_2 bzw. SO_3 und H_2SO_4 angewendet werden. Es setzt allerdings die Trocknung und Calcinierung des Gipses zu Anhydrit voraus. Hinsichtlich der Qualität des im Verfahren erzeugten Zementes ergeben sich bei Einsatz von Abfallgips aus der Phosphorsäureherstellung gewisse Probleme, die jedoch durch besondere Fahrweise der Phosphorsäureanlage weitgehend umgangen werden können.

Die zweite Möglichkeit der Abfallgipsverwertung besteht in der Umsetzung mit Ammoniumcarbonat zu Ammoniumsulfat:

$$(NH_4)_2CO_3 + CaSO_4 \rightarrow (NH_4)_2SO_4 + CaCO_3.$$

Auf den entstehenden Kalk wurde im vorigen Abschnitt eingegangen.

Zur Wiedergewinnung von Schwefelsäure aus $(NH_4)_2SO_4$-Lösungen besitzt ein elektrolytisches Verfahren eine gewisse Aussicht [28]. Der Reaktor dieses Verfahrens (Abb. 22) besteht aus einer 3-Kammer-Elektrodialysezelle mit Ionenaustauschermembran zur selektiven Trennung der Zellräume. Aus energetischen Gründen wird im Kathodenraum mit einer sauerstoffdepolarisierten Elektrode gearbeitet. Infolge der kathodischen Erzeugung von OH^--Ionen entsteht Lauge, die sich mit den aus

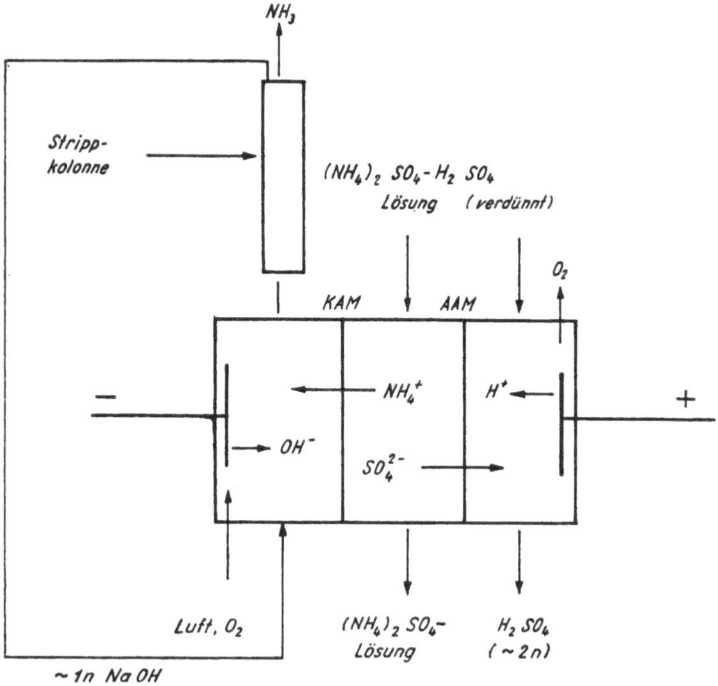

Abb. 22 Schema der elektrolytischen Rückgewinnung von H_2SO_4 und NH_3 aus ammoniumsulfathaltigen Abfallösungen [28]
KAM: Kationenaustauschermembran
AAM: Anionenaustauschermembran

dem Mittelraum zuwandernden Ammoniumionen zu Ammoniak umsetzt, das über eine Kolonne abgenommen wird. Die im Kreislauf geführte Schwefelsäure wird im Anodenraum aufkonzentriert, allerdings bisher noch mit zu niedrigen Konzentrationen. Laborversuche von Köhling und Mitarbeitern [28] haben ergeben, daß der spezifische Energieverbrauch für die NH_3-Gewinnung nach dieser Methode in der gleichen Größenordnung liegt wie für konventionelle Verfahren.

Auch für Natriumsulfat, das bei der Viskosefaserherstellung in großen Mengen zunächst in Lösung anfällt, sind elektrolytische Verfahren zur Regenerierung der Schwefelsäure diskutiert und experimentell erprobt worden. So wurde von Kerty und Mitarbeitern [30, 31] eine 3-Kammerzelle mit Durchlaufdiaphragmen entwickelt, wobei die reine Natriumsulfatlösung — das Na_2SO_4 wird vorher aus den bisherigen Abstoßlösungen in fester Form gewonnen — im Mittelraum zugegeben wird. Die Elektrolysebedingungen werden so gewählt, daß im Anolyt hauptsächlich HSO_4^--Ionen vorliegen. Die erste technische Anwendung steht bevor.

Da in diesem Abschnitt die Schwefelsäurerückgewinnung im Vordergrund steht, wird auf eine Diskussion der neuen Verfahren zur direkten Gewinnung und Nutzung von $(NH_4)_2SO_4$ und Na_2SO_4 aus den Endlösungen verzichtet.

3. Schlußbemerkungen

Die ausgewählten Beispiele sollten zeigen, in welcher Vielfalt uns die Probleme entgegentreten, wenn wir uns am konkreten Objekt mit der Frage „Abfälle — Rohstoffe" auseinandersetzen. Dabei geht es bei einem notwendigen Zwangsanfall in erster Linie um eine mögliche Nutzung, aber nicht um irgendeine, sondern um die effektivste, denn auch bei den Sekundärrohstoffen steht die Frage nach der höchstmöglichen und effektiven Veredlung im Vordergrund.

Die rationelle und effektive Nutzung der natürlichen Ressourcen, eingeschlossen die Nutzung der Abprodukte als Sekundärrohstoffe, sind ein Erfordernis der qualitativ und quantitativ neuen Dimensionen des Stoffwechselprozesses der sozialistischen Gesellschaft mit der Natur. Die Beschleunigung der Entwicklung der Produktivkräfte, die Einführung industriemäßiger Produktionsverfahren in die Landwirtschaft und die Dienstleistungsbereiche beanspruchen nicht nur zunehmend die Rohstoff- und Energiequellen, sondern auch alle übrigen, die natürlichen Lebensbedingungen bildenden Ressourcen der Biosphäre wie Boden, Luft und Wasser in einem Maße, das ihre natürliche Regenerationsfähigkeit weitgehend unmöglich macht.

Mehr denn je sind heute die Anstrengungen der sozialistischen Gesellschaft für einen vernünftigen Umgang mit dem natürlichen Milieu und seinen Ressourcen von der Einsicht geprägt, die Engels so formulierte: „Und so werden wir bei jedem Schritt daran erinnert, daß wir keineswegs die Natur beherrschen, wie ein Eroberer ein fremdes Volk beherrscht, wie jemand, der außer der Natur steht — sondern daß wir mit Fleisch und Blut und Hirn ihr angehören und mitten in ihr stehn, und daß unsere ganze Herrschaft über sie darin besteht, im Vorzug vor allen anderen Geschöpfen ihre Gesetze erkennen und richtig anwenden zu können" [32].

Literatur

[1] E. Honecker: Bericht des ZK der SED an den X. Parteitag, Dietz Verlag, Berlin 1981, S. 50.

[2] H.-G. Riedel: Aspekte technischer Stoffkreisläufe und abproduktarmer Technologien im System Umweltschutz/Umweltgestaltung und effektiver Energetik, Sitzungsberichte der AdW der DDR, Akademie-Verlag, Berlin, 7 N (1980).

[3] H. Mottek: Ökonomie und Umwelt, Aus der Arbeit von Plenum und Klassen der AdW der DDR, 8 (1981)

[4] M. Schubert: Zur Entwicklung abproduktarmer bzw. -freier Verfahren in Einheit von Umwelt, Material- und Energieökonomie, Sitzungsberichte der AdW der DDR, Akademie-Verlag, Berlin, 21 N (1981).

[5] W. Stoph: Direktive des X. Parteitages der SED zum Fünfjahrplan für die Entwicklung der Volkswirtschaft der DDR in den Jahren 1981 bis 1985, Dietz Verlag, Berlin 1981, S. 13.

[6] K. Marx: Das Kapital, Dritter Band, in: Karl Marx/Friedrich Engels, Werke, Bd. 25, Dietz Verlag, Berlin 1965, S. 111.
[7] H.-H. Emons, E. Thomasch, U. Menz: Wiss. Z. TH Leuna-Merseburg **18** (1976) 1, S. 17.
[8] E. Garbe, L. Eckert: Wiss. Z. TH Leuna-Merseburg **22** (1980) 4, S. 641.
[9] E. Garbe, D. Graichen: Ökonomische Materialverwendung, Verlag Die Wirtschaft, Berlin 1976, S. 35.
[10] H.-H. Emons, H.-H. Walter: Salz, Geschichte — Gegenwart — Zukunft; Sitzungsberichte der AdW der DDR, Akademie-Verlag, Berlin 1980, 19 N (1979).
[11] H.-H. Emons: Neuere Aspekte zur Gewinnung anorganischer Salze, Sitzungsberichte der AdW der DDR, Akademie-Verlag, Berlin 1981, 22 N (1980).
[12] H.-H. Emons, H. Voigt: Mineralsalze — natürliche Rohstoffquelle der DDR, Vortrag in der Sendereihe „URANIA im Funk" von Radio DDR II, Manuskript im Druck.
[13] Fotos aus Werbeprospekt des VEB Kombinat KALI.
[14] S. Mildner, M. Mohr: Beitrag zur Elektrosortierung von KCl/NaCl-Gemischen, Vortrag auf dem III. Internationalen Kalisymposium Magdeburg 1965, Kalibuchreihe Bd. 4, Leipzig 1967.
[15] S. Mildner, M. Mohr: Die Entwicklung der elektrostatischen Aufbereitung anhand von Literaturberichten und ihre Bedeutung für die Kaliindustrie, Bergakademie **16** (1964), S. 560.
[16] W. Kramer: Diss. 1968, Bergakademie Freiberg.
[17] A. Singewald: Erzmetall, Stuttgart **33** (1980) 1, S. 19.
[18] A. Singewald, G. Fricke: Chem. Ind. **104** (1981) 2, S. 98.
[19] H. Kloth: Dissertation, TH Leuna-Merseburg, Merseburg 1975.
[20] H. Hofmann u. a.: Verfahren zur Herstellung eines für die Glasherstellung geeigneten Calciumträgers, WP C 03 C/228 382/2.
[21] H. Hofmann u. a.: Verfahren zur Herstellung eines für die Glasherstellung besonders geeigneten Calciumträgers, WP C 03 C/228 381/4.
[22] H. Hofmann u. a.: Stand und Perspektiven der Verwertungsforschung für Leunakalk, Vortrag zur Fachtagung „Chemische Technologie" der Chemischen Gesellschaft der DDR, Magdeburg 1981.
[23] H. Hofmann: Silicattechnik, im Druck.
[24] W. Friedrich: Verwertung von Braunkohlenfilteraschen und Carbidkalkhydratschlamm, Vortrag zur KDT-Fachtagung „Mineralische Sekundärrohstoffe", Berlin 1981.
[25] W. Friedrich: Verwertung von Braunkohlenfilteraschen und Carbidkalkhydratschlamm, Vortrag zur Fachtagung „Chemische Technologie" der Chemischen Gesellschaft der DDR Magdeburg 1981.
[26] J. M. Smith, E. Mantius: Chem. Engng. Progr. **9** (1978), S. 78.
[27] R. Schulze, M. Ruppert: Chem. Ind. **32** (1980) 10, S. 685.
[28] A. Köhling, B. Behret, R. Eggersdorfer in: Abgas, Abfall, Recycling, Lärm; Vorträge der ACHEMA 1979, Verlag Chemie, Weinheim 1980, S. 259.
[29] T. Kobayashi: Chem. Economy and Eng. Rev. **8** (1976) 6, S. 42.
[30] J. Kerty: Proceedings of the Orionzio de Nova Symposium Chlorine Technology, Venedig 1979, S. 192.
[31] J. Kerty: Kolloquiumsvortrag, Bergakademie Freiberg 1981.
[32] F. Engels: Dialektik der Natur, in: Marx/Engels, Werke Bd. 20, Berlin 1975, S. 453.

ISSN 0138—3956

FSC
www.fsc.org
MIX
Papier | Fördert gute Waldnutzung
FSC® C083411

Zeitfracht Medien GmbH
Ferdinand-Jühlke-Straße 7
99095 Erfurt, Deutschland
produktsicherheit@kolibri360.de